BEI GRIN MACHT SICH IHR WISSEN BEZAHLT

- Wir veröffentlichen Ihre Hausarbeit,
  Bachelor- und Masterarbeit

- Ihr eigenes eBook und Buch -
  weltweit in allen wichtigen Shops

- Verdienen Sie an jedem Verkauf

Jetzt bei www.GRIN.com hochladen
und kostenlos publizieren

Bibliografische Information der Deutschen Nationalbibliothek:

Die Deutsche Bibliothek verzeichnet diese Publikation in der Deutschen National-
bibliografie; detaillierte bibliografische Daten sind im Internet über http://dnb.d-
nb.de/ abrufbar.

Impressum:

Copyright © 2012 GRIN Verlag
Druck und Bindung: Books on Demand GmbH, Norderstedt Germany
ISBN: 9783668734661

Dieses Buch bei GRIN:

https://www.grin.com/document/198842

Marco Solbata

Modelle zur Erklärung von Gesundheit und Krankheit

GRIN Verlag

Ansätze (Modelle) zur Erklärung von Gesundheit und Krankheit

Inhaltsverzeichnis

1 Einleitung

Wir haben die Aufgabe, uns in unserer Hausarbeit mit Ansätzen bzw. Modellen zur Erklärung von Gesundheit und Krankheit, auseinanderzusetzen. Wir werden hierbei zu Beginn versuchen die Begriffe Krankheit und Gesundheit zu definieren. In der Gesellschaft ist Gesundheit als lebensbegleitender Wunsch neben Wünschen wie Frieden, Arbeit und Wohlstand, fest verankert. Dementsprechend nimmt sie eine zentrale Rolle im Leben des Menschen ein. Viele Wissenschaftsbereiche (Medizin, Psychologie, Soziologie) haben sich mit der Thematik Gesundheit beschäftigt. Jedoch lässt sich festhalten, dass keine allgemein anerkannte Definition von Gesundheit und Krankheit existiert. Die im Alltag gebräuchlichste Sichtweise von Gesundheit und Krankheit ist wohl die medizinische Sichtweise. Typisch hierfür ist es, dass nicht die Gesundheit, sondern ausschließlich die Krankheit definiert und betrachtet wird. Nach dieser Sichtweise kann Gesundheit als Abweichung von bestimmten messtechnischen Normen, betrachtet werden. Ein Individuum wird nur dann gesund angesehen, wenn im Körper keine Defekte vorliegen oder negative Einwirkungen fehlen. Typisch für die medizinische Sichtweise ist das Risikofaktorenmodell für die Entstehung der koronaren Herzkrankheit. Eine viel weitgreifendere Betrachtungsweise von Gesundheit und Krankheit stammt aus der Gesundheitspsychologie. Neben der Betrachtung von Krankheit, wird hier vorrangig und primär die Gesundheit eines Menschen herausgestellt. Gesundheit wird positiv definiert, sie ist „das Vorhandensein von psychischer Kompetenz und Wohlbefinden, als Voraussetzung und Ergebnis der Bewältigung externer und interner Anforderungen". Ein typischer Ansatz ist hier das Salutogenesemodell von Antonovsky (1979) und das Anforderungs-Ressourcen-Modell von Becker (1992). Aus soziologischer Sichtweise wird Krankheit als abweichendes Verhalten empfunden. Gesundheit hingegen ist ein Zustand optimaler Leistungsfähigkeit. Unter anthropologischen Gesichtspunkten nimmt das Wohlbefinden in Form des selbstaktualisierten Wohlbefindens bei der Bestimmung von Gesundheit, eine zentrale Rolle ein.

2 Modelle zur Erklärung von Krankheit und Gesundheit

2.1 Das Risikofaktorenmodell

2.1.1 Entstehung

Das Risikofaktorenmodell von Schäfer ist bis heute das im Alltag gebräuchlichste. Es entstand 1948, weil eine Gruppe amerikanischer Wissenschaftler in Framingham/Massachusetts (USA) eine Längsschnittuntersuchung mit ca. 5100 Einwohnern im Alter zwischen 30 und 60 Jahren durchführten. Die ausgewählten Probanden wurden eingehend auf ihre Verhaltens- und Lebensweisen untersucht und waren zu Beginn dieser epidemiologischen Studie herzgesund. Diese Untersuchung erfolgte alle 2 Jahre nach einen festem Schema. Man hoffte, Hinweise zu erhalten, dass KHK aufgrund bestimmter Charakteristika voraussagbar und dass diese Charakteristika beeinflussbar seien. Im Laufe der Beobachtungsdauer erkrankten einige Personen an KHK und es häuften sich Befunde wie etwa Hypertonie (Bluthochdruck) oder ein erhöhter Cholesterinspiegel (Blutfettspiegel). Aus diesem Ergebnis schlussfolgerten die Amerikaner, dass das gleichzeitige Auftreten der Faktoren einem ursächlichen Zusammenhang zugrunde liegt. Das bedeutete in diesem Fall, die Forscher nahmen an, die Hauptursachen für eine KHK seien Hypertonie und ein erhöhter Cholesterinspiegel. Tatsächlich ist es aber so, dass sich die KHK häufig mit einer Hypertonie und einem erhöhter Cholesterinspiegel äußert. Es wäre zu einfach aufgrund dieser Faktoren eine KHK zu diagnostizieren, oft spielen dabei noch ganz andere Gründe eine Rolle. Erst durch diese Fehlinterpretation wurde die Aufmerksamkeit der Medizin auf die Risikofaktoren gelenkt. Man versuchte nicht mehr bloß eine bereits ausgebrochene Krankheit zu therapieren, sondern den Ausbruch einer Krankheit durch eine Primärprävention zu verhindern. Der Gedanke hierfür scheint einfach: Ein Mensch, bei dem keine Risikofaktoren festzustellen sind, wird nicht krank. Folglich galt es nur, die Faktoren auszumerzen. Durch eine Reduzierung der Risikofaktoren sollte es nun möglich sein, den Ausbruch von Krankheiten zu verhindern. Obwohl bereits Mitte der 70er Jahre die Fehlschlüsse der Framingham- Studie erkannt worden waren und andere Studien zu wesentlich differenzierteren Ergebnissen gekommen waren, scheint allgemein trotzdem das Risikofaktorenmodell von Schäfer in medizinischen Kreisen immer noch vorzuherrschen.

2.1.2 Eigenschaften und Funktionsweise

Im 19. Jahrhundert litt die Bevölkerung vorrangig an akuten Infektionskrankheiten. Fortschritte in der Medizin bekämpften bald die Ursachen, so dass sich ein Wandel vollzog. Anstelle der Infektionskrankheiten traten dann im 20. Jahrhundert die chronisch-degenerativen Erkrankungen, die so genannten Zivilisationskrankheiten. Die Mortalitätsrate für Herz-Kreislauf-Erkrankungen lag 1997 bei ca. 50 % und ist damit bis heute die häufigste Todesursache in Deutschland überhaupt. Aufgrund dessen sind genau diese Herz-Kreislauf-Erkrankungen am besten und weitesten untersucht worden. So hat Herr Schäfer 1978 sein Risikofaktorenmodell an der KHK festgemacht. Das Risikofaktorenmodell ist aus medizinischer Sicht ein Defizit- oder Defektmodell. Dadurch wird es zum pathogenetischen Modell, d.h. es wurde zu dem Zweck entwickelt, das Auftreten spezifischer Krankheiten zu erklären. Im den Modell wird die Gesundheit negativ, als Abwesenheit von Krankheit definiert. Der Gesundheitsbegriff wird also als dichotom angesehen. Dadurch konkurriert es mit den Theorien der psychischen und sozialen Gesundheit und stellt das Modell sogar teilweise in Frage. Bei der Untersuchung des Gesundheitszustandes wird sich primär auf die biologischen Einflussgrößen konzentriert. Im Gegenzug dazu wird die spezifische Krankheit auf spezifische Ursachen und auf Prozesse im Individuum zurückgeführt, d. h. das Vorhandensein von spezifischen Risikofaktoren begünstigt das Ausbrechen spezifischer Krankheiten. Das Modell grenzt die psychische Gesundheit und die Gesamtpersönlichkeit weitgehend aus und reduziert den Menschen auf einen Risikofaktenträger. Dies führt dazu, dass sich die Prävention nur auf spezifische Krankheiten konzentriert. Die Prävention soll spezifische Risikofaktoren verhindern oder abschwächen, primär wird dies über eine medikamentöse Behandlung erreicht. Im seinem Modell hat Schäfer eine Hierarchie der Risikofaktoren entwickelt. Er unterscheidet primäre u. sekundäre Risikofaktoren erster bis dritter Ordnung, d.h. sie sind in unterschiedlicher Gewichtung für die Erkrankung (Endergebnis-Herzinfarkt) verantwortlich.

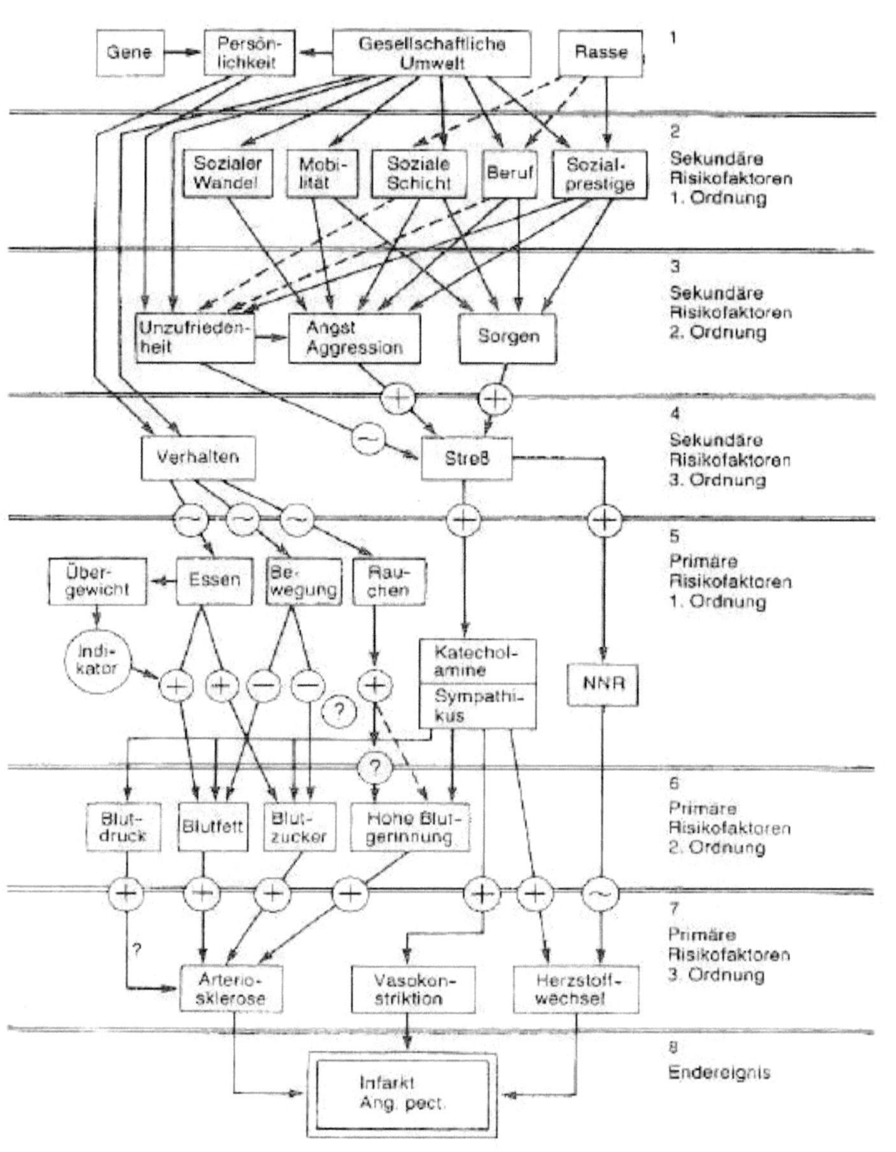

Abb.1Risikofaktorenmodell 1978

Dabei werden die primären Risikofaktoren als gefährlicher und verursachender einzuschätzen sind, als die sekundären. Auffällig ist, dass psychosoziale Bedingungen, insofern sie hier Berücksichtigung finden nur als primäre Risikofaktoren eingestuft werden, wie beispielsweise Unzufriedenheit, Angst, Aggression und Sorgen, selbst der Stress. Obwohl wir vorher schon gehört haben, dass das Wohlbefinden den ausschlaggebenden Faktor für Gesundheit darstellt. Über Pfeile werden Zusammenhänge und Verkettungen der Risikofaktoren im Modell verdeutlicht. Dem Bewegungsmangel wird hier schon eine zunehmende Bedeutung zugeschrieben. Der primäre Risikofaktor Arteriosklerose wird in primäre und sekundäre, dieselben wiederum in solche erster bis dritter Ordnung unterteilt. Primäre Risikofaktoren sind etwa Übergewicht, Ernährung, Bewegungsmangel oder Rauchen. Faktoren zweiter Ordnungen sind erhöhte Werte der Blutfettkonzentration, des Blutzuckers oder des Blutdrucks. Diese folgen den Risikofaktoren der ersten Ordnung unmittelbar nach. Beispielsweise werden in der Gefäßwand abgelagerte Blutfette und Zucker rasch in Fett umgebaut. Fett und Zucker sind Folge der Ernährung und der genetisch bestimmten Art des Umbaus von Fett in bestimmte Cholesterinformen. Bewegung wiederum verbrennt diese Stoffe und das Rauchen scheint die Blutgerinnung zu steigern. Diese Faktoren begünstigen die Entstehung von Arteriosklerose. Das eigentliche Herzinfarktereignis ist vom Stoffwechsel und vom Blutangebot abhängig sowie von weiteren umstrittenen Faktoren des Mineralhaushalts und der Blutgerinnung. Diese Ausführungen von Schäfer verdeutlichen die Problematik der Quantifizierung einzelner Risikofaktoren und darüber hinaus die Quantifizierung der Wechselbeziehungen zwischen den einzelnen Risikofaktoren.

2.1.3 Kritik und Grenzen

Das Risikofaktorenmodell hat den klassischen, in der Medizin dominanten, biomedizinischen Ansatz um psychische und soziale Aspekte erweitert. Damit wurde ein wichtiger Beitrag zum Verständnis und der Erklärung des Auftretens bestimmter Zivilisationskrankheiten geleistet. Als Verdienst kann festgehalten werden, dass auf ihrer Grundlage die Notwendigkeit eines vorsorgenden Gesundheitsschutzes erkannt wurde und gezielte Strategien zur Krankheitsprävention entwickelt wurden. Dennoch decken solche Maßnahmen nur einen Teil der Risikodeterminanten ab und die Umsetzung und der Erfolg dieser Strategien können nicht global als erfolgreich bezeichnet werden. In seiner verengten präventiven Umsetzung ist das Risikofaktorenmodell nur für einen eingeschränkten Konzept- und Praxisbereich der Gesundheitsförderung tauglich. Im Modell werden Risikofaktoren als isolierte (Lebensstil-)Variablen konzipiert und sind damit getrennt von realer Lebensweise und Lebenswirklichkeit der betroffenen Personen und Kollektive. In Schäfers Risikofaktorenmodell sind hauptsächlich physische Risikofaktoren zu finden, psychosoziale Faktoren haben für die Krankheitsentstehung kaum Bedeutung und werden nur als sekundäre Risikofaktoren eingeschätzt und damit auch unterschätzt. Der Faktor Stress wird hier zum Sammelbegriff für psychosoziale Einflussfaktoren. Dieser Begriff ist zu einfach und muss differenzierter und ernsthafter betrachtet werden. Weiterhin wird die Entstehung von Zivilisationskrankheiten hier als individuelles Fehlverhalten und Schuld der Person selbst begründet. Dem Risikofaktorenkonzept liegt also ein mechanisches Menschenbild zugrunde d.h. die Auswahl der Variablen und Faktoren ist sehr einseitig und im Kern auf medizinisch isolierte Faktoren verengt. Menschen sind aber aktive Realitätsverarbeiter mit spezifischen individuellen Bewältigungsressourcen und leben in unterschiedlichen sozialen, dinglich-materiellen und ökologischen Umwelten. Die individuelle Konstellation dieser Voraussetzungen kann von Mensch zu Mensch sehr stark differieren und das macht eine mathematische Kalkulation eines Krankheitsrisikos unmöglich. Das Modell liefert demzufolge keine Repräsentativität und Übertragbarkeit auf andere Länder. Hinzu kommt noch das Escaper-Problem, d.h. es gibt immer wieder einige Ausnahmen in der Praxis, die das Risikofaktorenmodell nicht bestätigen können. Trotz vorliegender primärer Risikofaktoren 1. Ordnung kommt es bei einigen Personen nicht zum Endereignis. Umgekehrt genau so, auch Menschen ohne Risikofaktoren sind von Erkrankungen betroffen. Erklärungsversuche hierfür haben keine Wertigkeit, da sie in der Regel biomedizinisch zu eng geführt sind. In der Praxis hat dies zufolge, dass Interventionen auf Grundlage des Modells zu einer Medikalisierung des Alltags und Stigmatisierung von gesunden Menschen mit Risikomerkmalen führen. In den folgenden Modellen wird diese einseitige biomedizinische Orientierung auf weitgehend verhaltensgebundene Risikofaktoren und sogenannte Risikoträger aufgegeben.

## 2.2	Salutogenesemodell

### 2.2.1	Entstehung

Einen umfassenden Ansatz zur Beschreibung von Gesundheit, in den sich die verschiedenen Sichtweisen integrieren lassen, legte Aaron Antonovsky 1979 mit dem Salutogenesemodell vor. Der Begriff Salutogenese bezeichnet eine Gesundheitsentwicklung. Hierbei wird betrachtet, wie es Menschen gelingt, trotz extremer Lebensbedingungen gesund zu bleiben. Die Salutogense ist der Pathogenese gegenübergestellt. Man kann sagen, die Salutogenese fragt nach der Gesundheit, die Pathogense nach der Krankheit. Das von Antonovsky entwickelte Modell zählt zu den einflussreichsten Ansätzen in der Gesundheitssoziologie, der Gesundheitspsychologie und den Gesundheitswissenschaften. Ausschlaggebend für die Entwicklung des Salutogensemodells waren die ethnischen Unterschiede in der Verarbeitung der Menopause bei in Israel lebenden Frauen. Zu diesem Thema führte Antonovsky 1970 eine Datenanalyse durch. Eine Gruppe war 1939 zwischen 16 und 25 Jahre alt gewesen und hatte sich zu dieser Zeit in einem nationalsozialistischen Konzentrationslager befunden. Ihr psychischer und körperlicher Gesundheitszustand wurde mit der einer Kontrollgruppe verglichen. Der Anteil der in ihrer Gesundheit nicht beeinträchtigten Frauen betrug in der Kontrollgruppe 51 %, im Vergleich zu 29 % der KZ-Überlebenden. Die Tatsache, dass statistisch gesehen fast ein Drittel dieser Frauen es geschafft hatte, ihr Leben neu aufzubauen, war für Antonovsky ein Wunder, das ihn bewusst auf den Weg brachte, das zu formulieren, was er später als Salutogenesemodell bezeichnet hat.

2.2.2 Gesundheits- Krankheitskontinuum

Nach Antonovsky sind Gesundheit und Krankheit keine dichotomen Größen, sondern auf einem Kontinuum angeordnet. Ein Mensch ist entsprechend mehr oder weniger gesund oder mehr oder weniger krank. Zentrale Grundfragen der salutogenetischen Perspektive lauten:

- Warum befinden sie sich Menschen auf der positiven Seite des Gesundheits-Krankheits-Kontinuums. Warum bewegen sie sich auf den positiven Pol zu?
- Warum bleiben Menschen trotz einer Vielzahl von krankheitserregenden Risikokonstellationen, psychosozial irritierenden Belastungen und angesichts kritischer Lebensereignisse gesund?
- Unter welchen persönlichen Voraussetzungen und unter welchen sozial-ökologischen Rahmenbedingungen können Menschen ihre Gesundheit bewahren?

Die folgende Abbildung zeigt das Gesundheits-Krankheitskontinuum mit seinen Komponenten.

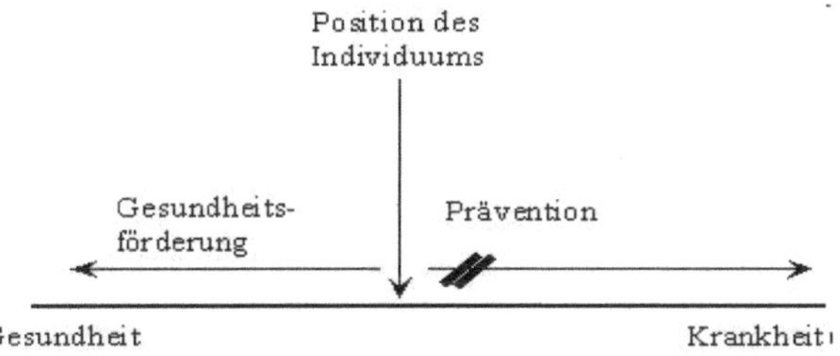

Abb.2 Gesundheits-Krankheits-Kontinuum

Der Gesundheitszustand einer Person lässt sich als deren Position auf dem Gesundheits-Krankheits-Kontinuum beschreiben. Die Prävention zielt darauf ab zu verhindern, dass sich diese Position in Richtung Krankheit verschiebt. Sie umfasst die Bereitstellung und Nutzung von Schutzfaktoren gegenüber gesundheitlichen Gefahren bzw. Risikofaktoren (z.B. Schutzimpfung; Tragen von Schutzkleidung oder Sicherheitsgurten). Gesundheitsförderung ist hingegen darauf ausgerichtet, die Position eines Individuums in Richtung Gesundheit zu verschieben.

Die Lokalisation eines Individuums auf dem Gesundheits-Krankheits-Kontinuum wird durch die Fähigkeit des Individuums zur Auseinandersetzung mit Stressoren bestimmt. Stressoren können interne aber auch externe Faktoren sein, die zur Störung der Homöostase führen. Stressoren sind unter anderem Umweltbelastungen, soziale Konflikte, innerpsychische Krisen und Krankheitserreger (vgl. Franzkowiak, P.)

2.2.3 generalisierte Widerstandsquellen / Kohärenzsinn

Wie bereits erwähnt kommt es durch das Einwirken von Stressoren auf den Menschen zur Störung der Homöostase. Jedoch besitzt der Mensch bestimmte Schutzfaktoren, die einen positiven Einfluss im Umgang mit der Belastung ausüben. Diese Schutzfaktoren werden auch als generalisierte Widerstandsquellen bezeichnet, die vielfältige Ressourcen des Menschen beinhalten können. Sie tragen dazu bei, dass Stressoren vermieden werden oder die durch Stressoren gestörte Homöostase wiederhergestellt wird. Verantwortlich für die Entstehung und Aufrechterhaltung dieser Widerstandsquellen können genetische, biographische, soziokulturelle, aber auch zufällige Faktoren sein. Generalisierte Widerstandquellen umfassen unter anderem die körperlichen bzw. konstitutionellen Ressourcen einer Person, welche sich in einem ausreichenden Vorhandensein von Immunpotentialen des Körpers gegen Krankheitserreger und Stressoren widerspiegeln. Personale und psychische Ressourcen umfassen das Gesundheitswissen und die präventiven Einstellungen, sowie die aktive Vermeidung von Stressoren. Die interpersonalen Ressourcen setzen sich aus sozialer Unterstützung in vielfältigen sozialen Netzwerken zusammen. Auch die soziale Integration und die aktive Teilnahme an Entscheidungs- und Kontrollprozessen, die die eigene Lebensgestaltung betreffen, gehören zu den interpersonalen Ressourcen. Soziokulturelle Ressourcen beinhalten die Eingebundenheit in stabile Kulturen, sowie die Orientierung an lebensleitenden Überzeugungen. Die Sicherung von Schutz, Ernährung und Wohnung zählen zu den materiellen Ressourcen. Zusammenfassend lässt sich festhalten, dass die generalisierten

Widerstandsquellen das Potential von Menschen umschreiben, zum eigenen Nutzen und zur Förderung der weiteren Entwicklung mit biologischen, psychischen und sozial-ökologischen Spannungen und Belastungen konstruktiv zurechtzukommen. Diese Bewältigungskompetenz wirkt wie ein Filter bzw. ein Puffer dagegen, dass sich Belastungen in einer Beeinträchtigung des Wohlbefindens niederschlagen.

Sind diese Widerstandsquellen ausreichend vorhanden, kommt es zur Ausprägung eines Kohärenzsinnes beim Menschen. Das Kohärenzgefühl ist ein weiteres Kernstück im salutogenetischen Denken. Es wird definiert als Grundhaltung, die Welt als zusammenhängend und sinnvoll zu erleben. Je ausgeprägter das Kohärenzgefühl einer Person ist, desto mehr sollte sie sich auf dem Gesundheits-Krankheits-Kontinuum in Richtung Gesundheit bewegen. Die Stärke des Kohärenzgefühls ist unabhängig von den jeweiligen Umständen, der Situation oder den Rollen, die jemand gerade einnimmt oder einnehmen muss. Drei Komponenten sind beim Kohärenzsinn von großer Bedeutung, welche Antonovsky mit den Begriffen Verstehbarkeit (comprehensibility), Handhabbarkeit (manageability) und Bedeutsamkeit (meaningfulness) bezeichnet. Verstehbarkeit drückt sich in einem dynamischen Gefühl des Vertrauens aus, das im Verlaufe des Lebens auftretende Belastungen strukturiert, vorhersagt und erklärt. Die Handhabbarkeit ist das Gefühl des Vertrauens, dass man über Möglichkeiten verfügt, den Anforderungen, die durch die Belastungen ausgelöst werden, gerecht zu werden. Das überdauernde und dynamische Gefühl des Vertrauens, dass diese Belastungen Herausforderungen darstellen, die es wert sind, etwas zu investieren und sich zu engagieren, kommen mit der Komponente Bedeutsamkeit zum Ausdruck. Ein starker Kohärenzsinn mobilisiert in pathogenen Situationen die generalisierten Widerstandsquellen und sorgt damit für die Aufrechterhaltung der Homöostase.

Die folgende Abbildung zeigt das Salutogenesemodell zusammengefasst dargestellt.

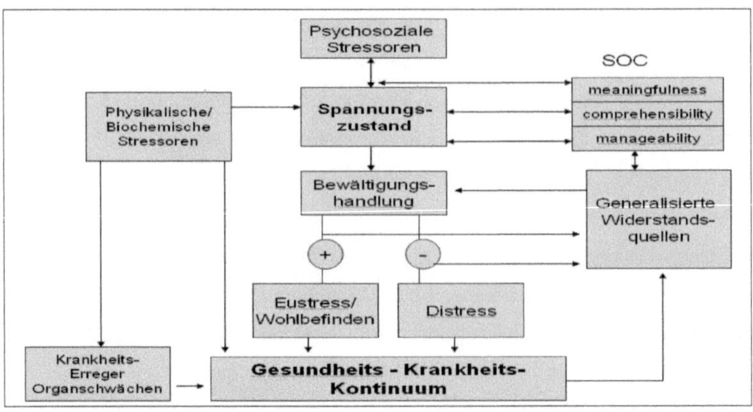

Abb. 3 Salutogenesemodell

Das Salutogenesemodell von Antonovsky ist derzeit eine der am weitesten entwickelten Modellvorstellungen. Es besitzt einen hohen Integrationswert, da sowohl körperliche als auch psychische Aspekte von Gesundheit bzw. Krankheit durch die Modellgrößen erklärbar sind. Im Gegensatz zum Risikofaktorenmodell beinhaltet es auch die Möglichkeit, die für Gesundheit notwendigen Vorraussetzungen zu analysieren und im Rahmen von Gesundheitsprogrammen einzusetzen. Gesundheitliche Auswirkungen des Sporttreibens lassen sich in dieser Modellvorstellung leicht integrieren, worauf ich in den folgenden Abschnitten näher eingehen werde.

2.2.4 Sport und Gesundheit im Salutogenesemodell

In der Gesellschaft wird diskutiert, ob Sport gesundheitsfördernd oder eher gesundheitsgefährdent ist. „ Wer Sport treibt, lebt gesünder" wird von vielen Autoren erläutert. Anderseits sind viele negative Auswirkungen von Sport bekannt. Eine Analyse der Folgekosten von Sportunfällen im Vergleich zu fiktiven Kosten, die durch den Risikofaktor Bewegungsmangel bedingt sind, kam zu dem Ergebnis, dass 60 Milliarden pro Jahr Folgekosten entstehen durch die Folgen von Bewegungsmangel. Im Gegensatz dazu betrugen die Folgekosten von Sportunfällen lediglich 2,9 Milliarden. Es besteht eine erhebliche Ambivalenz zwischen Sport und Gesundheit, was es notwendig macht die gesundheitlichen Möglichkeiten und Grenzen des Sports näher zu beleuchten. Aus der Sicht des Salutogenesemodells lässt sich die Bedeutung des Sportreibens für die Gesundheit analysieren (Bös, Wydra & Karisch, S. 23).

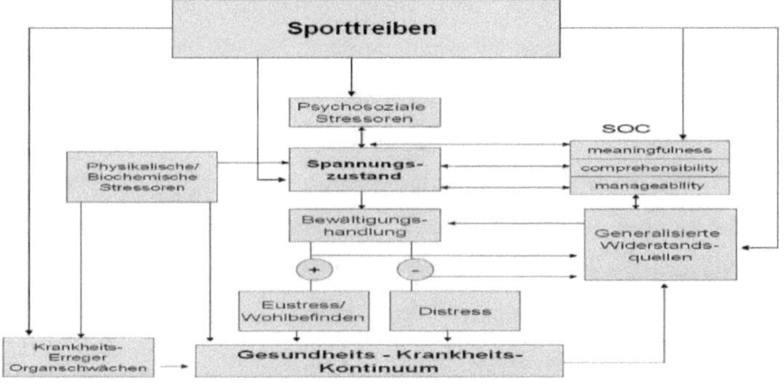

Abb. 4 Wirkungen des Sportreibens im Salutogenesemodell

Abbildung 3 zeigt, dass das Sporttreiben über 4 verschiedene Wege positiv auf die Gesundheit Einfluss nehmen kann. Es kann unmittelbar positiv auf den Kohärenzsinn, die generalisierten Widerstandsquellen, auf Spannungszustände und Organschwächen wirken. Weiterhin liegen gesicherte Erkenntnisse vor, über die direkten Einflüsse auf den Spannungszustand und auf physiologische Prozesse, sowie Zustände zur Prävention. Einflüsse durch Sporttreiben auf die psychosoziale Ebene, z.B. die Sozialisationsfunktion des Sports erscheinen plausibel, sind jedoch wissenschaftlich nicht gesichert. Große Bedeutung hat der Sport für die Gesundheit hinsichtlich physiologischer Faktoren. Insbesondere ein präventiv betriebenes Ausdauertraining mit seinen positiven Adaptationen kann zu einer günstigen Beeinflussung der Risikofaktoren führen. Gezielte sportliche Aktivitäten können als Schutzfaktor gegenüber der koronaren Herzkrankheit angesehen werden. Weiterhin kann bei Rückenerkrankungen über den Sport eine Kräftigung des Muskelkorsetts erreicht werden. Außerdem kann durch Sport bei Stoffwechselerkrankungen die Stoffwechselaktivität erhöht und damit normalisiert werden. Ein Rollstuhlpatient kann durch den Sport weiterhin die für seinen in der Bewegung eingeschränkten Körper so wichtigen physiologischen Adaptationsreize bekommen. Aber auch bei Dialysepatienten kann über den Sport eine Kompensation der durch die Grunderkrankung bedingten Reduktion der körperlichen Leistungsfähigkeit erfolgen. Um die gesundheitsbezogenen Aspekte des Sportreibens zu erfassen, sollten nicht nur die physiologischen

Veränderungen in Betracht gezogen werden. Sporttreiben sollte als instrumentell und funktionell begründbares „sich Bewegen" gesehen werden, was unmittelbar mit Freude und Spaß verbunden ist. Der Sport als eigenständiges Handlungsfeld mit eigenständigen Regeln bietet eine Reihe von Möglichkeiten, Erfahrungen zu sammeln, die unter normalen Umständen des Alltags nicht erfahren werden. Im Sport sind Erfahrungen gegenwärtig und bieten einen Weg zu einem veränderten Körper- und Selbstbewusstsein. Das Erfahren der eigenen Leistungsfähigkeit in Form des Könnens, Noch-Könnens oder des Wieder-Könnens bietet weiterhin eine gute Grundlage zur Entwicklung eines positiven Selbstkonzeptes und damit eines selbstaktualisierten Wohlbefindens (vgl. Bös, Wydra & Karisch, 1992, S. 26)

2.3   Systematisches Anforderungs- Ressourcen- Modell (SAR)
2.3.1 Eigenschaften

Das Anforderungs-Ressourcen- Modell wurde 1992 von Becker entwickelt. Es kann als integratives Modell angesehen werden, da es versucht das Salutogenesemodell und das Risikofaktorenmodell weiterzuentwickeln und miteinander zu verbinden. Im SAR-Modell werden Gesundheit und Krankheit aus systemischer bzw. ökologischer Perspektive als Resultat von Anpassungs- und Regulationsprozessen zwischen einem Individuum und seiner Umwelt konzipiert. Es basiert auf einer hierarchischen Struktur von Systemen, wobei die Person ebenfalls als komplexes System mit Supra- und Subsystemen betrachtet wird. Diese Systeme gliedern sich in eine biologische und eine psychologische Ebene. Im Gegensatz zum Risikofaktorenmodell, die nur die biologische Ebene beinhaltet, werden im Anforderungs- Ressourcen- Modell die übergeordneten Systeme auf der psychologischen Ebene in die Betrachtungen zum Gesundheitszustand einer Person mit einbezogen. Es wird also von biologischen Parametern ausgegangen und zusätzlich werden subjektive Gesundheitsindikatoren, wie Wohlbefinden, Fitness, Krankheiten mit untersucht. Diese Prozesse werden mit Anforderungen und Ressourcen beschrieben, welche interagieren und sich gegenseitig beeinflussen. Es wird jeweils unterschieden in interne bzw. externe Anforderungen und Ressourcen. Unter Anforderungen werden Bedingungen verstanden, mit denen sich ein

Individuum auseinandersetzen muss. Externe Anforderungen sind solche in der Umwelt, z. B. berufliche oder soziale Anforderungen (z.B. Wünsche des Partners nach gemeinsamen Aktivitäten). Interne Anforderungen resultieren aus den Bedürfnissen, Zielen, Werten und Normen des Betreffenden. Zu den wichtigen Bedürfnissen des Menschen zählen neben physiologischen Bedürfnissen (z.B. nach Nahrung, Sauerstoff, ausreichendem Schlaf) die Bedürfnisse nach Erkundung der Umwelt und des Selbst, Selbstverwirklichung, Orientierung und Sicherheit, Bindung und Achtung. Insbesondere sehr hohe, aber unter Umständen auch zu geringe Anforderungen, in Relation zu den verfügbaren Ressourcen, werden als belastend erlebt und lösen negative Emotionen und damit verbundene physiologische Reaktionen aus. Sie motivieren zum Handeln. (vgl. Dlugosch, S 103)

Zur Bewältigung von Anforderungen greift das Individuum auf Ressourcen zurück. Interne psychische und physische Ressourcen umfassen die zur Verfügung stehenden Handlungsmittel bzw. Eigenschaften (Fähigkeiten, Kompetenzen, Selbstwirksamkeitsüberzeugungen, Kohärenzsinn) und physischen Voraussetzungen (z.B. körperliche Fitness) einer Person. Unter externen Ressourcen werden solche in der Umwelt verstanden, insbesondere soziale Ressourcen (z.B. soziale Stützsysteme, gute Beziehungen zu wichtigen Bezugspersonen, Vereine, soziales Ansehen), berufliche Ressourcen (z.B. Besitz eines Ausbildungs- oder Arbeitsplatzes), materielle Ressourcen (z.B. hinreichendes Einkommen, gute Wohnbedingungen), gesellschaftliche Ressourcen (z.B. Bildungssystem, Gesundheitssystem, Rechtssystem) und ökologische Ressourcen (z.B. saubere, intakte Umwelt, gesunde Nahrung). Die Grundlegende Annahme im Modell ist die, dass der Gesundheitszustand einer Person davon abhängt, wie gut es dieser gelingt, externe und interne Anforderungen mithilfe externer und interner Ressourcen zu bewältigen (vgl. Becker; Bös & Woll, S. 30-40).

2.3.2 Funktionsweise

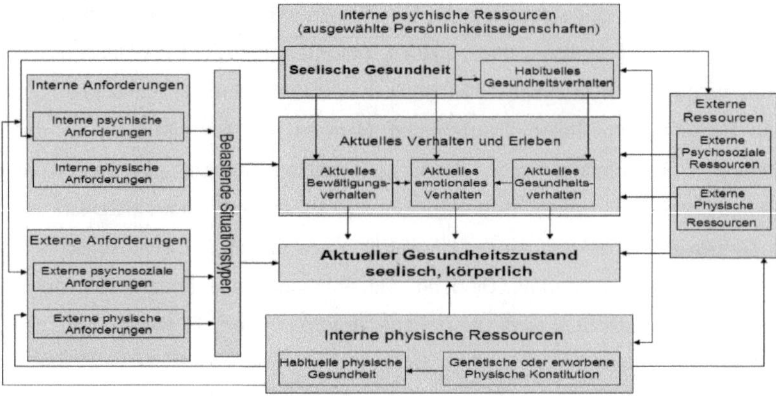

Abb. 5 systematisches Anforderungs- Ressourcen- Modell

Ein wichtiger Aspekt dieses Modells stellt die seelische Gesundheit dar. Sie wird als breites Persönlichkeitskonstrukt aufgefasst, welches Regulationskompetenzen, die Selbstaktualisierung und die Sinnfindung eines Menschen beinhaltet. Nach Becker ist weiterhin eine Fähigkeit zur Bewältigung externer und interner Anforderungen (vgl. Becker 1992 d, S. 65 In: Knoll 1997, S. 35). Die Seelische Gesundheit hat weiterhin Einfluss auf die externen Ressourcen, wie Freundschaften, Partnerschaften, gesunde Ernährung oder Sport treiben, sowie auf das „Bewältigungsverhalten" und das „Emotionale Verhalten". Neben der „Seelischen Gesundheit" als Eigenschaft gibt es auch noch das „Habituelle Gesundheitsverhalten". Beide Faktoren zusammengefasst ergeben den aktuellen Zustand einer Person. Es lässt sich weiterhin feststellen, dass im SAR- Modell ganz deutlich zwischen den externen und internen Anforderungen bzw. Ressourcen unterschieden wird und dass es eine weitere Unterteilung in einen psychischen und einen physischen Bereich gibt. Interne bzw. externe Anforderungen konstruieren eine für die Person belastende Situation, welches sich direkt oder indirekt über das „Aktuelle Verhalten und Erleben" auswirkt. Darin eingeschlossen sind das „Bewältigungsverhalten", das „Emotionale Verhalten", und das „Gesundheitsverhalten" einer Personen Bei den internen und externen Ressourcen verhält es sich ähnlich. Während interne physische Ressourcen, wie die „Habituelle körperliche Gesundheit" und die „Körperliche Konstitution" einer Person sich direkt auf den Gesundheitszustand auswirken, nehmen interne psychische Ressourcen, wie die „Seelische

Gesundheit" und das „Habituelle Gesundheitsverhalten" Einfluss über das „Aktuelle Verhalten und Erleben". Positiv anzumerken ist, dass Anforderungen bevor sie sich auf den Gesundheitszustand auswirken, im Voraus schon von internen physischen sowie psychischen Ressourcen beeinflusst werden und dadurch die Belastung auf das Individuum abgemindert wird. Je nach dem wie gut oder schlecht die Person diese Belastung nun mithilfe der Ressourcen bewältigt, bewegt sich ihr Gesundheitszustand dynamisch auf dem „Gesundheits-Krankheits-Kontinuum" oder wirkt sich auf ihren körperlichen und seelischen „Aktuellen Gesundheitszustand" aus.

2.3.3 Ableitung von Konsequenzen für die Gesundheitsförderung

Im Rahmen des systematischen Anforderungs- Ressourcen- Modells kann Gesundheitsförderung charakterisiert werden als Verbesserung der Voraussetzungen zur Bewältigung externer und interner Anforderungen mithilfe externer und interner Ressourcen. Eine derart verstandene Gesundheitsförderung ist eine multidisziplinäre Aufgabe. Im Folgenden werden gesundheitsförderliche Maßnahmen exemplarisch dargestellt. Gesundheitsförderung, ausgehend von Anforderungen kann zum einen durch die Anpassung externer (psychischer und physischer) Anforderungen an die Voraussetzungen und individuellen Besonderheiten einer Person, d.h. eine Verbesserung der Person-Umwelt-Passung, erfolgen. Zum Beispiel durch eine Verringerung von Überforderungen, Unterforderungen und mentalen Belastungen am Arbeits- oder Ausbildungsplatz. Des Weiteren können physische Stressoren am Arbeitsplatz beseitigt werden. (z.B. durch Maßnahmen der Arbeitsergonomie). Zum anderen sind interne (physische und psychische) Anforderungen zu berücksichtigen. Es sollte auf die Befriedigung von Bedürfnissen und damit verbundenes Wohlbefinden geachtet werden (z.B. durch Genuss- und Entspannungsübungen, Erholung, Aufbau und Aufrechterhaltung von Bindungen). Auch auf die Vermeidung von psychischer Selbstüber- oder -unterforderung im Beruf, Ausbildung, Familie und Freizeit sollte wertgelegt werden. Auch die aufgrund von Alkoholmissbrauch, Fehlernährung oder mangelnder Bewegung eintretende Über- oder Unterforderung der physischen Systeme sollte vermieden werden.

Gesundheitsförderung, ausgehend von Ressourcen kann auch durch den Aufbau, die Bereitstellung und Nutzung externer (psychischer und physischer) Ressourcen erfolgen. Zum Beispiel durch den Aufbau, Pflege und Nutzung sozialer Unterstützungssysteme (z.B. Partnerschaften; Freundschaften; Vereine, Partnerschafts- und Familienberatung). Auch die Bereitstellung von gesunder Nahrung (z.B. in Kantinen), die Schaffung von Arbeitsplätzen und die Gesundheitsaufklärung in Elternhäusern, Schulen, Einrichtungen der Erwachsenenbildung, zählen zu den externen Ressourcen. Möglichkeiten der Gesundheitsförderung, die auf der Vergrößerung von internen Ressourcen basieren, umfassen unter anderem die Verbesserung der körperlichen Fitness (z.B. durch regelmäßiges und richtig dosiertes Sporttreiben). Ein weiterer Aspekt ist die Verbesserung der seelischen Gesundheit (z.B. durch Psychotherapie), sowie die Verbesserung der Kommunikations- und Konfliktlösungskompetenzen (z.B. durch ein Training zum Verzicht auf Gewalt als Mittel der Konfliktlösung). Fehldosierte Anforderungen, sowie Defizite und Verluste von Ressourcen und daraus resultierende Misserfolge bei der Anforderungsbewältigung sind begleitet von negativen Gefühlen, Lebensunzufriedenheit und Veränderungen im Gesundheitsverhalten (z.B. erhöhter Konsum von Alkohol). Oftmals führen sie zu kurz- oder langfristigen Beeinträchtigungen der körperlichen und seelischen Gesundheit. Hingegen tragen wohldosierte Anforderungen und die Bewahrung oder Vergrößerung von Ressourcen sowie die erfolgreiche Bewältigung externer und interner Anforderungen zu Wohlbefinden, Lebenszufriedenheit und körperlicher und seelischer Gesundheit bei.

2.4 Gesundheitsverhalten

2.4.1 Komponenten des Gesundheitsverhaltens

Unter Gesundheitsverhalten versteht man alle Prozesse der Aufmerksamkeit, des Erlebens und der Informationssuche sowie die Gesamtheit der Wissensbestände, Intentionen und Verhaltensmuster bei Menschen, die zum einen auf den Erhalt bzw. der Verbesserung der Gesundheit als auch auf die Vermeidung von Krankheiten abzielen. Das Gesundheitsverhalten wird in der medizinischen Soziologie/Gesundheitspsychologie sowie in der Sozialmedizin untersucht. Dabei wurde erkannt, dass das Verhalten über den persönlichen und kollektiven Sozialisationsprozess vermittelt wird und in eine unfassende individuelle Lebensweise eingebettet ist. Dadurch ist das Verhalten über die primären Sozialisationsinstanzen wie Familie oder Schule hinausgehend auch von Arbeits- und Wohnbedingungen, sozialen Netzwerken, Zeitbudgets der Menschen und der Verfügbarkeit medizinischer und präventiver Versorgungsangebote in der Gemeinde abhängig. Erste Forschungsüberblicke in den 90er Jahren weisen darauf hin, dass Individuen sich gesundheitsgerecht verhalten, wenn mindestens fünf Komponenten zusammentreffen. Die erste und zugleich wichtigste Komponente ist die Bedrohungswahrnehmung. Sie besagt, dass Menschen durch eine erlebbare Bedrohung mit der Wahrnehmung einer subjektiven Verwundbarkeit angeregt werden müssen um zu sich gesund zu verhalten. Hierbei ist eine hohe positive Ergebniserwartung von Vorteil. Als 2. Komponente wird die Information aufgezählt. Der Mensch kann sich gesund verhalten, wenn er ein verständliches, lebensweisennahes und umfassendes Wissen über Folgen und Hintergründe von schädlichen Verhaltensweisen sowie über die Erfolgsaussichten einer gesundheitsrelevanten Verhaltensänderung vermittelt bekommt. Die 3. Komponente ist die Verhaltensabsicht. Um in einer bestimmten Weise gesundheitsförderlich zu handeln, muss der Mensch eine Intention entwickeln. Auch die Komponente der Kontrolle spielt eine wichtige Rolle. So muss der Mensch sich überhaupt erstmal kompetent genug fühlen, eine subjektiv hoch eingeschätzte Verhaltenskontrolle zu besitzen, um das beabsichtigte Verhalten in ihrer Lebenssituation/Alltag durchzuführen und in die persönliche Lebensweise zu integrieren. Der Letzte und nicht weniger unwichtigere Aspekt ist die Soziale Unterstützung. Um sein Verhalten gesundheitsrelevant zu verändern braucht der Mensch einen sozialen Rückhalt ,etwa durch Einbezug von Bezugspersonen, um die beabsichtigte Verhaltensänderung auch gegen subjektiv wahrgenommene oder objektiv gegebene Barrieren langfristig aufrechterhalten zu können. Leider kann sich nicht jeder Mensch, bedingt durch kulturelle und soziale Differenzen gesund verhalten. Angehörige unterer Sozialschichten tendieren hinsichtlich gesundheitlicher Probleme und Krankheiten zu kurzfristigen Lösungen. Ihr Verhalten lässt sich eher als gegenwartsorientiert beschreiben, insbesondere bei der Symptomwahrnehmung. Dadurch werden Angebote der Früherkennung und Risikofaktorenprävention von unteren Sozialschichten viel seltener wahrgenommen Im Gegensatz dazu ist das Verhalten von mittlerer und höherer Sozialschichten eher zukunftsorientiert. Auffälligkeiten des Befindens werden schon als Symptome wahrgenommen, auch wenn die körperliche Funktionstüchtigkeit und die Erfüllung alltäglicher Verpflichtungen noch nicht massiv bedroht ist. So manifestiert sich das Gesundheitsverhalten je nach sozialem Kontext unterschiedlich. Für die Gesundheitsförderung bedeutet der Bezug auf das Gesundheitsverhalten dass Menschen durch ihre alltäglichen Verhaltens- und Lebensweisen ihre Gesundheit wesentlich beeinflussen können. Es kann sich dabei um den Abbau eines spezifischen Risikoverhaltens (wie z.B. Rauchen) oder den Aufbau eines Gesundheitsverhaltens (wie z.B. eines Bewegungsverhaltens) handeln. Umfangreiche Forschungen zu den Bedingungen des Verhaltens werden durchgeführt um Modelle zu entwickeln, die das Gesundheitsverhalten durch kognitive, soziale und soziodemografische Faktoren zu erklären versuchen.

2.4.2 Das Health- Belief- Modell

2.4.2.1 Grundzüge und Eigenschaften

Das Modell der Gesundheitsüberzeugung ist in den 50er Jahren entstanden. Es ist eines der frühsten Modelle zur bewussten und vorsätzlichen Veränderung von Gesundheitsverhalten. Die Grundlage für die Entwicklung dieses Modells bildet die Fragestellung, ob regelhafte Bedingungen und Gesetzmäßigkeiten gefunden werden könnten, um die Menschen zu motivieren bzw. daran zu hindern, an Vorsorgeuntersuchungen teilzunehmen. Den Anlass hierzu lieferte eine geringe Beteiligung der amerikanischen Bevölkerung an entsprechenden Angeboten des öffentlichen Gesundheitsdienstes. Um das Modell zu konzipieren musste man unter Betracht ziehen, dass Menschen rational denken und ihnen die negativen Konsequenzen ihres Verhaltens erst aufgezeigt werden müssen, um sie fast zwangsläufig zu veranlassen, ihr Verhalten zu ändern. Zu dieser Gesundheitsüberzeugung gehört, dass Menschen den Wunsch haben, Krankheiten zu vermeiden oder bei vorhandener Krankheit wieder gesund zu werden. Des Weiteren müssen die davon überzeugt werden persönlich etwas dafür tun zu können, um den Ausgang der Krankheit zu beeinflussen. Auf dieser Grundlage wurde das Health Belief Modell aus ursprünglich 4 Komponenten zusammengesetzt. Diese machen als jeweils einzelne subjektive Wahrnehmungen in ihrem Zusammenwirken die Bereitschaft zum individuellen Handeln aus.

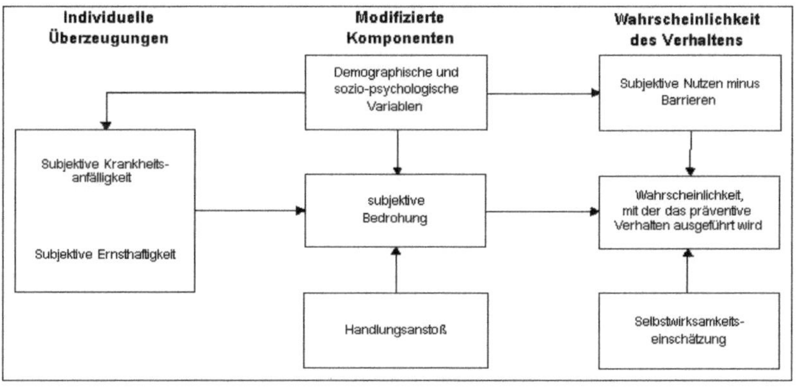

Abb. 6 Komponenten des Modells der Gesundheitsüberzeugung

Die 1. Komponente ist die subjektiv wahrgenommene Krankheitsanfälligkeit die davon ausgeht, dass sich ein Mensch, der sich selbst durch eine Erkrankung überhaupt verletzlich fühlt, bereit ist sich präventiv zu verhalten. Die 2. Komponente ist die wahrgenommene Gefährlichkeit der Erkrankung. Die Einschätzung der Konsequenzen einer Erkrankung bzw. der Nichtbehandlung variieren sehr stark zwischen den Personen. So werden auch langfristige Konsequenzen, wie anstehende teure Arztbesuche und Folgemedikamente, gegen den jetzt zu erleidende Schmerzen abgewogen. Des Weiteren wird einen Kosten-Nutzen Analyse vorgenommen, die entscheidet welche Behandlungsmethode am effektivsten erscheint. Dem wirken sich als letzte Komponente auch verschiedenen Barrieren entgegen, die sich auf die Nachteile mit dem antizipierten Verhalten ergeben. So kann eine Früherkennungs- und Behandlungsmaßnahme Nebenwirkungen beinhalten. Die Komponenten der subjektiv wahrgenommenen Krankheitsanfälligkeit und der individuell wahrgenommenen Gefährlichkeit der Erkrankung bestimmen die Energie und die Kraft des gesundheitsrelevanten Handelns. Die Abwägung der Vor- und Nachteile in der Kosten-Nutzen Analyse bestimmt nur die Art und Weise des Handelns. Im Laufe der Zeit wurde das Modell stetig weiterentwickelt und ihm 3 weitere Modifizierende Komponenten hinzugefügt. Zum ersten der Handlungsanstoß, der die Einwirkung von internen oder externen Auslösern beschreibt. Auslöser können z.b drastische Ereignisse wie Krankheit oder Tod in der Familie sein. Auch eine demographische, sozialpsychologische Differenzierung nach Alter, Geschlecht, ethnischer Zugehörigkeit, sozialökonomischem Status wurde vorgenommen um das Modell auch Länderübergreifend anwendbar zu machen. Als letzte Komponente wurde die Selbstwirksamkeitsüberzeugung hinzugefügt, die als Einschätzung der eigenen Kompetenz, eine Handlung auch durchführen zu können definiert ist. Das Modell wird heute weltweit zur Erklärung von Vorsorgeverhalten als auch zur Ableitung von Interventionsstrategien genutzt.

2.4.2.2 Kritik und Grenzen des Health-Belief-Modells

Das Modell hat aus historischer Sicht große Bedeutung, da es der erste Versuch war, ein allgemein gültiges Verständnis von Theorie geleiteten

Maßnahmen an die Bevölkerung zu schaffen. Es zeichnet sich dadurch aus, dass es das 1. Instrument der Gesundheitsbehörden war um besonderst gefährdete Bevölkerungsgruppen darin zu unterstützen, durch Vorsorgeverhalten Krankheiten zu verhindern. Dennoch ist das Model nur für begrenzte Probleme der Prävention gut anwendbar. Kritiker bemängeln, dass es den Einfluss von subjektiver Bedrohung für eine Verhaltensänderung überschätze. Auch wurde festgestellt, dass die Angst vor negativen Folgen in der Zukunft (z.B. durch Vorführen von Krebslungen und Raucherbeinen) bei vielen Menschen nicht zum gewünschten Verhaltenswechsel führt. Von vielen Seiten wird es auch als unethisch betrachtet, vorsätzlich mit Verunsicherung und Angst zu arbeiten. Das Modell wird weiterhin beschränkt, weil es keine sozialen oder Umwelt- bzw. Situations-Faktoren berücksichtigt in der Kosten-Nutzen-Analyse mit einbezieht. Das Gesundheitsverhalten wird also ausschließlich als einen individuellen Entscheidungsprozess aufgrund subjektiver Gesundheitsüberzeugungen angesehen. Das Modell stütz sich weiterhin ausschließlich auf eine rationale und positive Gesundheitsmotivation des Menschen ohne die Gegenseite zu betrachten. Kritiker bemängeln, dass die kulturellen, institutionellen oder sozialen Rahmenbedingungen nicht genügend berücksichtigt. So dürfen die demographischen Variablen wie Alter, Geschlecht, sozioökonomischer Status oder situative Bedingungen nicht nur als modifizierende Komponenten angesehen werden. Auch die Beziehung der einzelnen Komponenten untereinander wird nur sehr schwach erläutert. Das Modell findet bis heute aber große Anwendung im traditionellen Vorsorgeverhalten wie Impfungen oder Screenings. Kritiker haben jedoch aufgezeigt, dass sich bei langfristigeren, komplexeren und sozial (mit-)bestimmten Verhaltensweisen, wie z.B. im Umgang mit Tabak oder Alkohol als weniger nützlich erweißt. Es ist somit begrenzt auf ein Gesundheitsverhalten, dass durch individuelle Überzeugungen und Wahrnehmungen erklärt werden kann. Andere Einflüsse wie soziale, ökonomische und andere Umweltbedingungen sind nur als modifizierende Komponenten in das Modell eingeflossen und werden nicht explizit berücksichtigt

3 Schluss

Zum ende über die Ansätze oder Modelle der Gesundheit und Krankheit als Teil öffentlicher Gesundheitsarbeit lässt sich folgendes Resümee ziehen. Das Risikofaktorenmodell von Schäfer leistet in vielen Tätigkeitsfeldern, Präventionsprogrammen oder Kampagnen sehr gute Arbeit. Von Kritikern wird es jedoch als zu reduktionistisch angesehen, weil es den psychosozialen Aspekten trotz Einbeziehung in die Betrachtungen zu wenig Aufmerksamkeit und Berücksichtigung schenkt. Trotzdem wird es als das zentrale Theoriemodell für eine epidemiologisch ausgerichtete Sportwissenschaft und präventiven Sportmedizin verwendet. Das Systemische Anforderungs-Ressourcen-Modell von Becker versucht psychosoziale Bedingungen sowie Ressourcen stärker mit einzubeziehen. Es betrachtet deren Wirkungsweisen und Effekte und bietet somit einen besseren integrativen Rahmen als das Risikofaktorenmodell. Dabei kommt der Betrachtung der seelischen Gesundheit, neben der körperlichen Gesundheit, eine besonders wichtige Aufgabe zugute. Dieses Modell is zukunftsweisend da es allgemein einer stärkeren Berücksichtigung psychosozialer Faktoren bei dem Verständnis von Gesundheit und Krankheit sowie der Gesundheitsförderung bedarf. Gesundheitsförderung sollte zunehmend interdisziplinär geschehen, d.h. verschiedene Wissenschaftsdisziplinen, wie die Medizin oder Sozialwissenschaft sollten zukünftig zusammen und gleichberechtigt miteinander arbeiten. Es wird also Zeit, sich vom Risikofaktorenmodell zu distanzieren, um das weitere Wohlbefinden der Menschen zu gewährleisten. Neuere Erkenntnisse aus dem Arbeits-, Bildungs- und Freizeitbereich bestätigen die Wichtigkeit dieses Wandels, bis hin zu neuen Denkweisen und Ansätzen in der Gesundheitsförderung, wie sie sich im Anforderungs-Ressourcen-Modell widerspiegeln.

Quellen- und Literaturverzeichnis

Bös, K.; Wydra, G. & Karisch, G. (1992). *Gesundheitsförderung durch Bewegung, Spiel und Sport: Ziele und Methoden des Gesundheitssport in der Klinik.* (Beiträge zur Sportmedizin, Bd 38).

Dlugosch, G.E. (1994). Modelle in der Gesundheitspsychologie. In P. Schwenkmetzger & Schmidt. R. (Hrsg), *Lehrbuch der Gesundheitspsychologie.*

Knoll, M. (1997). *Sporttreiben und Gesundheit: eine kritische Analyse vorliegender Befunde.* S. 21-36. Schorndorf: Hofmann.

Schlicht, W. & Schwenkmezger, P. (1995). Sport in der Primärprävention: Eine Einführung aus Verhaltens- und sozialwissenschaftlicher Sicht. In Schlicht, W., *Gesundheitsverhalten und Bewegung: Grundlagen, Konzepte und empirische Befunde.* Schorndorf: Hofman.

Becker, P. , Bös, K. & Woll, A. (1994). *Ein Anforderungs- Ressourcen- Modell der körperlichen Gesundheit: pfadanalytische Überprüfungen mit latenten Variablen.* Zeitschrift für Gesundheitspsychologie: 2, S. 25- 48

Internetquellen:
Franzkowiak, P. Salutogenetische Perspektive. Zugriff am 18.02.2011 unter http://www.leitbegriffe.bzga.de/?
uid=0199474ab6b021b9299d7e1fb0eb36ab&id=angebote&idx=72

Bildnachweise :
Abb. 1: vgl. Knoll, 1997 S.22
Abb. 2: Zugriff am 18.02.2011 unter http://www.leitbegriffe.bzga.de/pix.php?
id=252adbfb801a69c3c1662c0c5d8679
Abb. 3: vgl. Bös, Wydra & Karisch, 1992, S. 23
Abb. 4: vgl. Bös, Wydra & Karisch, 1992, S. 25
Abb. 5: vgl. Dlugosch, 1994, S.104